岩石と鉱物

スティーブ・パーカー 著

訳出協力：Babel Corporation

六耀社

ACKNOWLEDGEMENTS

The publishers would like to thank the following sources for the use of their photographs:

t = top, b = bottom, l = left, r = right, c = centre

Cover (front) Boris Sosnovyy/Shutterstock.com, (back) see below

Corbis 5(c) Floresco Productions/cultura; 8 Visuals Unlimited; 20 Gary Cook, Inc/Visuals Unlimited

Dreamstime.com 50(& cover) Miroslava Holasová iStockphoto.com 1 & 36 lissart

Science Photo Library 5(tl) Matteis/Look at sciences; 7 Photostock-Israel; 14 Mark A. Schneider; 31 Natural History Museum, London; 43 Scientifica, Visuals Unlimited Shutterstock.com 4(top to bottom) dmitriyd, Vladimir Dokovski, carlosvelayos, Vitaly Raduntsev, Tyler Boyes, paulrommer; 5(bl) Dawn Hudson; 6 Richard Peterson; 9 Ratchanat Bua-ngern; 10 Christopher Kolaczan; 11 Anneka; 12 farbled; 13 MarcelClemens; 15 Asya Babushkina; 16 Siim Sepp; 17 Vitaly Raduntsev; 18 Tyler Boyes; 19 Tyler Boyes; 21 Denis Radovanovic; 22 Stefano Cavoretto; 23 Siim Sepp; 24 Tyler Boyes; 25(& cover) Tyler Boyes; 26 Siim Sepp; 27 Tyler Boyes; 28 Bragin Alexey; 29 Siim Sepp; 30 Siim Sepp; 32 Massimiliano Gallo; 33 Tyler Boyes; 34 sokolenok; 35 Siim Sepp; 37(& cover) Tyler Boyes; 38 Tyler Boyes; 39 Siim Sepp; 40 kavring; 41 Siim Sepp; 42 Tyler Boyes; 44 Tyler Boyes; 45 Tyler Boyes; 46 antoni halim; 47 Siim Sepp; 48 Siim Sepp; 49 humbak; 51 Tyler Boyes; 52 michal812; 53 Tyler Boyes; 54 Tom Grundy; 55 Muellek Josef

SPOT 50

Rocks & Minerals

by Steve Parker

©Miles Kelly Publishing Ltd 2015

Japanese translation rights arranged with

Miles Kelly Publishing Ltd., Thaxted, Essex, England

through Tuttle-Mori Agency, Inc., Tokyo

もくじ

何を観察するの？	4
どこに行く？	5

鉱物

○曹長石	6
○燐灰石	7
○普通輝石	8
○方解石	9
○ダイヤモンド	10
○蛍石	11
○石膏	12
○岩塩	13
○普通角閃石	14
○ひすい輝石	15
○カオリナイト	16
○磁鉄鉱	17
○雲母	18
○かんらん石	19
○正長石	20
○黄鉄鉱	21
○石英	22

火成岩

○安山岩	23
○玄武岩	24
○閃緑岩	25
○粗粒玄武岩	26
○斑れい岩	27
○花崗岩	28
○黒曜岩	29
○ペグマタイト	30
○斑岩	31
○軽石	32
○流紋岩	33
○凝灰岩	34

変成岩

○片麻岩	35
○ホルンフェルス	36
○大理石	37
○千枚岩	38
○珪岩	39
○片岩	40
○蛇紋岩	41
○粘板岩	42
○石鹸石	43

堆積岩

○角礫岩	44
○チョーク	45
○石炭	46
○礫岩	47
○苦灰石	48
○火打石	49
○化石	50
○鉄鉱石	51
○石灰岩	52
○砂岩	53
○頁岩	54

宇宙の石

○隕石	55
用語解説	56

実例を見つけたら、○のところにチェックを入れましょう。

何を観察するの？

岩石や鉱物を見分けるには、よく見たりさわったりすることが必要です。ここでは、その重要な特徴をあげ、解説します。

色

ばら輝石

岩石や鉱物にはとてもたくさんの色があります。「あわい」「濃い」「むらのある」「まだらの」などのことばを使って色を記録しましょう。ばら輝石という鉱物は、ふつう「明るいピンク色」または「ばら色」と表現されます。

光沢

黄鉄鉱

光沢は、岩石や鉱物の表面で光がどう反射するかを表します。どんな光もほとんど反射しないなら、それは「くすんでいる」といえます。ほかによくある様子を表す言葉には、「すべすべした」「つややかな」「白みがかった」「ガラスのような」などがあります。黄鉄鉱という鉱物は、またの名をフールスゴールドといい、「金属光沢」があります。

粒と結晶

白鉛鉱

岩石や鉱物のなかにある小さくて細かいかけらを粒といい、「細粒」（目で何とか見えるくらいの大きさ）、「中粒」（0.5〜5mm）、「粗粒」（5mmより大きい）に分けられます。粒はざらざらででこぼこしているか、表面が平らで端や角がとがった結晶としてはっきり見えるでしょう。白鉛鉱という鉱物のように、大きな結晶が、小さめの粒に囲まれているものもあります。

へき開

方鉛鉱

岩石や鉱物は「割れ口」と呼ばれる自然の層や線に沿って、どんなふうにはがれたり割れたりするかが決まっています。この割れる性質をへき開といいます。鉛の重要な鉱石鉱物である方鉛鉱は立方体の形に割れます。

重さ

ペリドット

軽石という岩石はとても軽いので水に浮きます。もっとも重い岩石のひとつとしてペリドットがあげられます。これをけずって文鎮や天びんばかりの分銅がつくられます。

透明度

ざくろ石

もし中身がくっきりと透けて見えれば、それは「透明」です。ぼんやり見えれば「半透明」で、まったく光を通さないなら「不透明」です。岩石や鉱物のなかには、ざくろ石のように、薄くカットすると半透明になるものもあります。

硬度

硬度は一般に、右ページのモース硬度で示されます。

どこに行く？

岩石や鉱物を見つけたり採集したりするのに、すばらしい場所はたくさんあります。そこでは、自然界とその生息環境や野生生物、そして建物や橋、そのほかの建造物などについて、おおいに学ぶことができます。

博物館では、その土地の石や化石の興味深い展示を見ることができます。

観察できる場所

熱心な「岩石収集家」は、ほとんど、どんなところでも岩石や鉱物を見つけます。いくつか、その例を見てみましょう。
- その土地でとれた岩石や鉱物を展示している地域の博物館。展示されているものにはラベルがついているので、はじめて見分けたり学んだりするのにちょうどよいのです。
- 化石、鉱物、宝石用原石、おもしろい岩石の標本などを売っている店
- 丘の斜面や崖に近い岩のごつごつ出た場所、大きな岩、丸石、じゃりなどのある海岸
- 石でできた建物、壁、床、テラス、舗道
- 彫像、壁の彫刻や、同じように石でつくったもの

モース硬度

赤の表のなかの鉱物は、それぞれ、その上の行にある鉱物をひっかくと傷がつきます。けれどもその下の行にある鉱物をひっかいても傷はつきません。青の表は、よく知られている身近な物質の硬度を並べたものです。比べてみるのに便利です。

硬度	主な鉱物
1	滑石
2	石膏
3	方解石
4	蛍石
5	燐灰石
6	正長石
7	石英
8	トパーズ
9	コランダム
10	ダイヤモンド

硬度	身近な物質
2 ½	つめ
3 ½	銅貨（10円硬貨）
5 ½	ナイフの刃
6	ガラス
7	焼き入れした鉄工用ヤスリ
9	サンドペーパー

安全に気を配る

岩石や鉱物を探すのに危険な場所もあります。十分に注意して、次のことを守りましょう。
- 必ず経験豊かなおとなと一緒に行くこと
- 適切な服装と装備をすること
- 私有地に入ったり、保護地区で標本を採取したりするときは許可をとること
- 崖の下、急な斜面、もろくくずれやすい岩、水深の深いところや、そのほかの危険な場所には近づかないこと
- 雨の日は、岩がすべりやすいので避けること
- 海岸では、潮が満ちて孤立しないように注意し、大きな波にも気をつけること
- ごみはごみ箱に捨てるか、持ち帰ること

曹長石

二酸化ケイ素を主成分とする長石のグループはとても広く分布していて、とくに火成岩に多く含まれています。地殻の岩石の半分以上は長石類です。曹長石は、ふつうは明るい白色か透明の結晶で、平らな結晶表面にごく細いしま模様やみぞが見えることも多いです。長石にはほかにも種類があり、そのひとつに正長石（20ページ）があります。

石のデータ

色 白色やあわい灰色で、少し赤色、緑色、青色などをおびていることもある
光沢 ガラス光沢、真珠光沢
結晶 曲がったり、つぶれたりした箱のような形（三斜晶系）
へき開 平らな面に沿ってよく割れる
重さ やや重い
透明度 半透明または透明
硬度 モース硬度 6～6½

同類の鉱物と比べると、曹長石はとてもゆっくり結晶します。みがくと、真珠より少しつやの出る大きな標本は、鉱物収集家にたいへん人気があります。

明るい白色が多い

ビニール盤レコードのみぞのようなごく細いしま模様

割れ口に入った線は氷のように見える

燐灰石

燐灰石はリン酸カルシウムという化学物質を主成分とする鉱物のグループと考えられています。さまざまな量のフッ化物（F）、塩化物（Cl）、水酸基（OH）とそのほかの物質が含まれています。水酸基の多い種類は水酸燐灰石と呼ばれ、骨や歯のエナメル質などの生体構成物質において、とても大切な鉱物です。燐灰石はとくに傷つきにくいというわけではありませんが、美しい色をして透きとおった標本は宝石として使われます。

燐灰石を多く含む岩石は、リン物質を得るために採石、採掘されます。リン物質は多くの植物肥料の重要な要素なのです。

石のデータ

色 ふつうはあわい緑色または緑がかった青色だが、微量物質がまざってさまざまな色になる
光沢 ガラス光沢から真珠のような光沢
結晶 三角形から六角形だが、個々の結晶はたいてい重なりあったり合体したりしていく
へき開 いちようには割れない
重さ 重い
透明度 いくぶん半透明で、まれに透明
硬度 モース硬度5（基準となる鉱物）

- 硬くて重量感がある
- 結晶はそれぞれ色あいがちがう
- 微量成分による青色
- 互いにまじわってできた結晶

普通輝石

石英（22ページ）と同じように、普通輝石もケイ酸塩鉱物のグループに属します。アルミニウムや、カルシウム、鉄、スズなどほかにもいろいろな金属元素を含んでいます。ふつうは濃い灰色か暗い緑色をしていて、つやはなく重いです。しかし、大きくて四角い、または多面体の結晶をつくることがあります。普通輝石は数種の火成岩でよく見られ、とくに玄武岩と斑れい岩（24ページと27ページ）に多く含まれています。

深みのある濃い色をした、大きくて形のよい普通輝石の結晶は、みがくと絹のようにつややかに光ることがあります。しかし、高価な宝石になれるほど透きとおることはめったにありません。

石のデータ

色 たいていは濃い灰色、暗い緑色、暗い褐色で、黒に近い色のこともある。まれにあわい褐色やすみれ色

光沢 くすんでいるが、まれに粒状の光沢がある

結晶 小さな四角形または（八角形までの）多角形の面をもち、親指より小さいことが多い

へき開 大きな結晶面に沿って簡単に割れることがある。ふたつのへき開面は、通常、ほぼ直角（90度）にまじわる

重さ 重い

透明度 ふつうは不透明だが、まれにぼんやりと光を通す

硬度 モース硬度 5½〜6

くすんでいるが、ごく細いしま模様か粒状の光沢がある場合もある

四角い箱のような形、または角ばった結晶

この石の特徴である緑がかった灰色

双晶（成長するときに結合した）

方解石

方解石は、ガラスよりも、透明または不明瞭なプラスチックによく似ていることが多く、炭酸カルシウムのひとつのかたちです。これは、石灰岩（52ページ）や動物がもつ貝殻状のかたい外皮を構成するのと同じ物質です。ときには直径1m以上にもなる大きな結晶を形成します。方解石はとてもやわらかく、モース硬度3を定める基準となる鉱物です。

方解石は生きものにとって大切な鉱物です。大昔に絶滅した三葉虫は、複眼という、何百というレンズからできている目をもっていました。そのレンズは、ドーム形に群生した透明な方解石の結晶でできていたのです。

石のデータ

色 ほとんど白色または無色、同様に灰色、黄色、緑色、赤色、褐色、まれに黒色

光沢 ガラス光沢、真珠光沢で、まれにつやがないものもある

結晶 とても大きい場合があり、ピラミッドやゆがんだ箱のような形（菱面体）

へき開 大きな結晶面に沿って簡単に割れることがある

重さ やや重い

透明度 完全に透明なものから白みがかった半透明のものまで

硬度 モース硬度3（基準となる鉱物）

- 白みがかっているか、ぼやけていることが多い
- 六方晶系（6面体）の結晶
- ほぼ透明の結晶もある
- ぴかぴかのプラスチックのような輝き、または真珠のような光沢

ダイヤモンド

宝石用原石とは、カットしてみがきあげると、宝石や宝飾品として魅力的に見える鉱物のことです。ダイヤモンドはおそらく一番よく知られた宝石でしょう。もっとも高価で硬い天然物質のひとつです。まじりけのない化学物質（化学元素）である炭素でできています。ダイヤモンドは地下の深いところで生成されますが、その生成には10億年以上かかります。

石炭とダイヤモンドは両方とも炭素からできています。炭素の最小の粒子である炭素原子が、ダイヤモンドでは、石炭よりもっとぎっしりとつまっています。このためダイヤモンドは非常に硬く透明なのです。

石のデータ

色 無色、灰色や黄色や褐色をおびたもの、また緑色やすみれ色から、黒に近い色までほかの色あいもある

光沢 みがくと、光り輝く（ダイヤモンド光沢として知られる）

結晶 とても小さなものから、こぶし大までさまざまな大きさがある

へき開 きれいに割れるが、強い圧力が必要

重さ 中くらい

透明度 透きとおったものからほとんど不透明なものまで

硬度 モース硬度10（基準となる鉱物）

光線を反射し、屈折させる（曲げる）

典型的な8面体の結晶形（ピラミッドをふたつ合わせたような8つの面）

ぎっしりつまった炭素原子でできている

ほぼ無色（この標本はわずかに黄色をおびている）

蛍石

フロースパー（fluorspar）としても知られる蛍石（フローライト、fluorite）は、カルシウムとフッ素だけを含む単純な鉱物です。あざやかな色の種類はとても多く、またクリスタルガラスのように完全に無色透明のものもあります。しかし、本当に長もちする宝石をつくれるほど十分な硬さはありません。結晶は主として四角形（立方体）ですが、割れると三角形を形成することもあります。

石のデータ

色 無色から赤色、青色、緑色、褐色、黒色および、それらの中間の色など、あらゆる種類がある

光沢 ガラス光沢で、ぴかぴかのプラスチックのように見えることもある

結晶 だいたいは立方体また四角い箱形で、手のひらサイズかそれより大きい

へき開 テーブルの端の角のような形にきれいに割れる

重さ 重い

透明度 完全に透明のものから白みがかった半透明のものまで

硬度 モース硬度4（基準となる鉱物）

収集家向きの蛍石の結晶は、典型的なみごとな立方体をしています。そして、白色から黒色まで色の種類も非常に豊富です。

- 結晶はとても大きくなることがある
- やわらかいため、簡単に欠けたり、すれて厚さが薄くなったりする
- 結晶はへき開面に沿って、するどい縁と角のところできれいに割れる
- まじりあって成長した結晶によってかすんで見える

11

石膏

この鉱物はふつう、透きとおっているか、白みがかっている大きくて平らな結晶の形をしています。または、岩石のなかで固まった白色か薄い色をしたなめらかな砂のような、とても細かい粒の状態で見られます。石膏のほかの特徴は、そのやわらかさです。つめでも傷がつき、ろうのような手ざわりで、どろどろしているといってもいいくらいです。そして、しだいに水に溶けていくのです。

鉱物の石膏と方解石はどちらもアラバスター（雪花石膏）として知られています。エジプトのカイロ近郊のメンフィスにあるアラバスター製のスフィンクスは3500年以上も前につくられ、約8mの長さがあります。

石のデータ

色　無色、白色または、あわい色あいの黄色、褐色、ピンク色、青色、灰色
光沢　ガラス光沢、錦糸光沢、真珠光沢
結晶　とても小さくてかろうじて目に見える細粒のものから、数mの長さのものまでさまざま
へき開　長くて細い破片に割れることがある
重さ　中くらい
透明度　透きとおったものから半透明でろうそくに近いものまで
硬度　モース硬度2（基準となる鉱物）

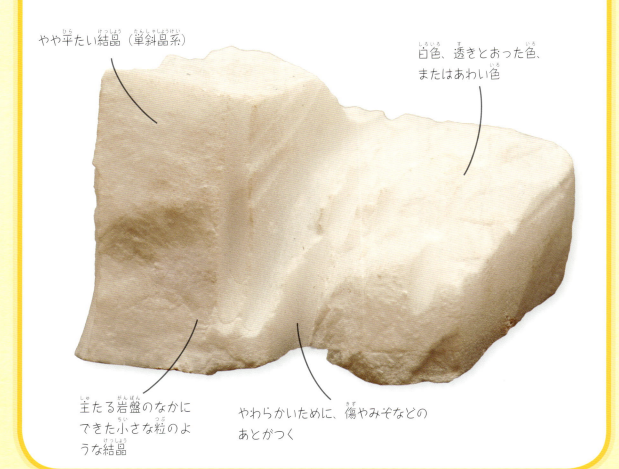

やや平たい結晶（単斜晶系）

白色、透きとおった色、またはあわい色

主たる岩盤のなかにできた小さな粒のような結晶

やわらかいために、傷やみぞなどのあとがつく

岩塩

たぶん、すべての鉱物のなかでもっとも有名なのが岩塩でしょう。わたしたちは料理をしたり、風味をそえたり、味をつけたり、保存加工したりするのに岩塩を使います。一般に塩やロックソルトの呼び名でよく知られており、化学名は塩化ナトリウムです。古代の海や塩水湖が蒸発し、干上がってできた巨大な場所に塩が残されました。このような層は、そのあとで、ほかの石によっておおわれたのです。

カナダのオンタリオ州にある町、ゴドリッチは、深さ300m、広さ8㎢の巨大な岩塩坑の上にあります。この岩塩坑は、町自体よりも広大な面積なのです。

石のデータ

色 無色または白色、わずかに含まれているほかの物質のため、赤色、ピンク色、緑色、青色などの色みをおびることもある

光沢 ガラス光沢

結晶 ふつうは箱のような立方体

へき開 結晶面に対して平行にきれいに割れる

重さ 中くらい

透明度 ほぼ完全な透明の場合がある

硬度 モース硬度2〜3

同じ大きさの6つの正方形の面からなる立方体の結晶

結晶を形成する過程で結合する

鉱物はすぐに水に溶ける

小さく、ふぞろいの結晶のかたまり

普通角閃石

角閃石は火成岩や変成岩によく見られ、それらととてもよく似た鉱物のグループです。硬くて重く、暗めの色のものが多く、たいていは深緑色から黒色までさまざまな色あいの濃い色です。結晶は長くて細くなり、ときにはまとまったり、たばになったりします。そのほかの結晶では、もっと短くてずんぐりした切り株のような形のものもあります。

普通角閃石は「黒御影」として、けずられ、みがかれる数種類の鉱物や岩石のなかのひとつです。壁や調理台の素材となり、とくに緑がかったものが求められるときに使われます。

石のデータ

色　暗い緑色、緑がかった灰色、緑がかった褐色から黒色

光沢　多様で、ぴかぴか光るものからくすんだものまで

結晶　細長く、たば状になっていることが多い。または、ずんぐりして端がするどい

へき開　均等には割れない

重さ　やや重い～重い

透明度　不透明でまれに半透明

硬度　モース硬度 5～6

- ごつごつして、でこぼこのある表面
- くすんだ外観
- 細長い結晶のたば
- 暗い色が特徴で、色むらと斑点がある

ひすい輝石

輝石は、ケイ素、酸素、アルミニウムに加え、鉄、カルシウム、ナトリウムなどのそのほかの金属元素も含んでいる一般的な鉱物です。そのもっとも特徴的なもののひとつが、ひすい輝石です。たいていは明暗さまざまな緑色をしていて、加工してみがくと、美しく輝くひすいになります。そのほかの輝石には、普通輝石（8ページ）、頑火輝石などがあります。

はるか昔から、とくにエジプトでは、ひすいはとても大切に扱われてきました。ひすいをけずって、よろいかぶとから花びん、装飾品、彫刻作品までさまざまなものがつくりだされたのです。

石のデータ

色　あわい色からエメラルドのように非常に濃い色まで色調のちがった緑色で、緑がかった青色もある
光沢　真珠光沢、ガラス光沢
結晶　めったに見られない。ふつうはとても小さくてはっきりしない板のような形
へき開　いちようではない
重さ　重い
透明度　不透明でまれに半透明
硬度　モース硬度 6½〜7

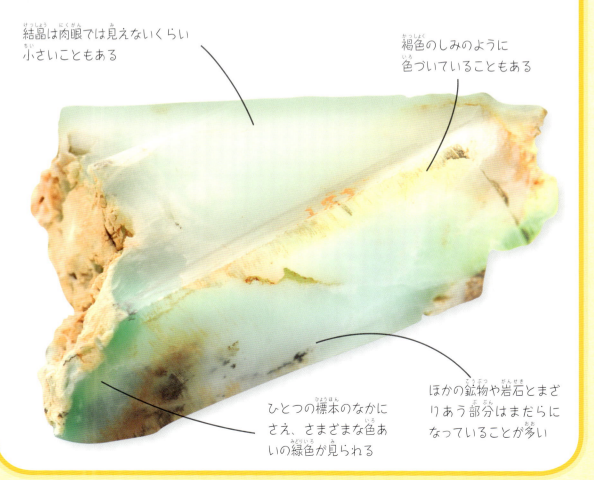

結晶は肉眼では見えないくらい小さいこともある

褐色のしみのように色づいていることもある

ひとつの標本のなかにさえ、さまざまな色あいの緑色が見られる

ほかの鉱物や岩石とまざりあう部分はまだらになっていることが多い

カオリナイト

粘土鉱物のひとつ、カオリナイトはやわらかく、白色またはあわい色をしています。結晶の断片はとても小さく、それらが集まって、シートやうろこ状の薄板のような層をつくっています。これは、ほとんどの場合、ぎゅっと圧縮された粉のかたまりのように見えます。カオリナイトを豊富に含んだある種の岩石はカオリンと呼ばれ、指のあいだで押しつぶしたり、ぼろぼろにくずしたりできるほどやわらかいのです。水を加えると「陶土」になり、セラミックス、塗料、製紙、医薬品等を製造する工業などで使われています。

石のデータ	
色	白色または、あわい色あいの黄色、赤色、褐色、青色
光沢	真珠光沢からくすんだもの、ときに土のようなものもある
結晶	とても小さな板状の断片
へき開	結晶はシート状にはがれる
重さ	中くらい
透明度	通常は不透明
硬度	モース硬度 2～2½

カオリンまたは「陶土」の鉱床は、広大な地帯に形成されます。そこから磁器や光沢紙の上質な材料がとれますが、そのことによって、おおいに景観をそこねてもいるのです。

- あわい色、または白色
- 外側の見ためは粉がふいたように見えるが、内側には目立った特徴はない
- とても小さな結晶または粒
- やわらかくてもろく、簡単にあとがつく

磁鉄鉱

も　し小さな鉄やはがねでできたクリップのようなものが手もとにあれば、磁鉄鉱を見分けるのは簡単です。それはクリップを引き寄せるからです。磁鉄鉱はまた、方位磁石のN極とS極の針の向きにも影響を及ぼします。鉄を多く含んでいるので、磁性鉱物と呼ぶのにもっともふさわしい鉱物です。磁鉄鉱はふつう、黒色またはとても暗い色をしていて、小さな結晶や粒が見られます。

石のデータ

色　黒色、とても暗い灰色や褐色
光沢　金属光沢から、つやのない光沢
結晶　四角すいの形だが、ふつうは小さすぎてわからない
へき開　いちようではない
重さ　非常に重い
透明度　不透明
硬度　モース硬度6（5½～6½）

少なくとも1000年ものあいだ、磁鉄鉱を多く含んだ石をきざんでつくった磁気コンパスが、地球の磁場を探知するために中国で使用されました。でも、それがどんな働きをするのかつくられた当時はだれも知らなかったのです。

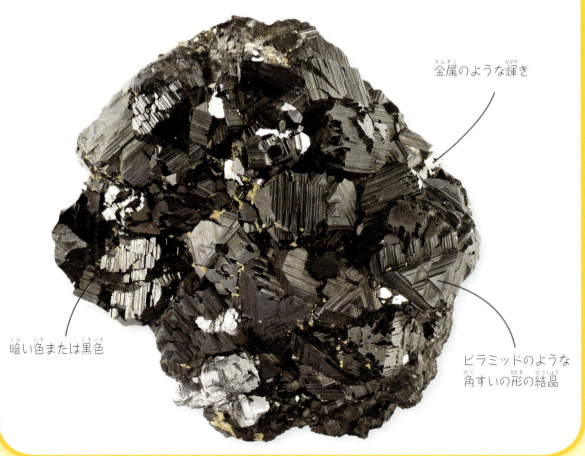

金属のような輝き

暗い色または黒色

ピラミッドのような角すいの形の結晶

17

雲母

雲母は20種類以上あり、すべて石英（22ページ）と同じようにケイ酸塩鉱物です。雲母はみな「葉片状」で、これは平たい薄いシートのような形に結晶することを意味します。注意すれば平らにはがすことができます。よく見られる雲母の形状としては、（アルミニウムを含む）あわい色の白雲母と（鉄とマグネシウムを含む）濃い色の黒雲母があります。

雲母や同様の物質の小さな薄片からは、きらきら輝く、金属のようなまばゆい塗料ができます。化粧品、マニキュア液から特別に注文した車をぴかぴかにするための塗料まで、非常に幅広く使用されています。

石のデータ

色 あわい色から濃い色まであり、おそらく薄く長い帯状でケイ酸塩に含まれる化学物質によって決まる

光沢 ガラス光沢、ぴかぴかのプラスチックのような光沢、きらめくような輝き

結晶 中くらい〜大きい

へき開 大きく平らで、わずかに曲げられる薄板状によく割れる

重さ 中くらい〜やや重い

透明度 薄い板状のものはかなり透けて見える

硬度 モース硬度 2½〜3

- アルミニウムを含んだ白雲母はあわい色になる
- へき開面に沿って、平らな薄板状または葉片状にはがれる
- 縁は長くてまっすぐか、短くてぎざぎざしている
- 薄板の厚みはさまざま

かんらん石

もとは緑がかったオリーブ色から名前がついたかんらん石（オリビン、olivine）ですが、黄色や褐色、ほとんど白に近い色にもなります。大きな結晶では、平らな結晶面にかすかな条線（みぞ、線、段）が見えることがあります。濃い色をした良質の結晶をカットしてみがきあげると、ペリドットと呼ばれる宝石になります。またそれが明るい黄色の石の場合には、クリソライトとして知られています。

宝石名をペリドットというかんらん石は、8月の誕生石です。あわい黄緑色から濃いオリーブ色やオリーブブラウンまでいろいろあります。色みが異なるのは、ひとつには鉱物に含まれる鉄の量にちがいがあるためです。

石のデータ

色　中程度から深い緑色、また褐色、さび色、黄色で、ごく薄い色にもなり、白色もある
光沢　ガラス光沢で、ぴかぴか光る
結晶　大きなかたまり状
へき開　いちようではなく、へき開の特定の方向もない
重さ　重い
透明度　透明から半透明
硬度　モース硬度6½〜7

- ガラスのように輝く表面
- 色みの異なる緑色
- 大きなかたまり状の結晶
- 結晶面にあるかすかな線や段

19

正長石

長石のグループ（6ページ参照）に属する正長石は、多くの火成岩に含まれていて、とくに花崗岩（28ページ）でよく見られます。いろいろな色がありますが、ふつうは明るい色あいです。箱形か板状の結晶が双晶を示すことが多く、直角に割れます。正長石はモース硬度6を示す基準となる鉱物です。

石のデータ
色　白色またはあわい色調の灰色、ピンク色、黄色、緑色
光沢　ガラス光沢、真珠光沢
結晶　箱形または板状
へき開　箱のような辺と角を形成するように直角に割れる
重さ　中くらい〜やや重い
透明度　透明から不透明
硬度　モース硬度6（基準となる鉱物）

正長石と曹長石をみがいた、少し不明瞭なものは一般的にムーンストーンの名前で知られています。古代の人々は月の光が石に形を変えたと考えたのです。

箱のように四角い結晶の形

結合した結晶または双晶

あわい色、または白色

見ためは真珠のようである

黄鉄鉱

これは明るい黄色をしており、金属のような輝きがあります。でも、だまされてはいけません。黄鉄鉱、いいかえれば「フールスゴールド」は、硫化鉄として鉄と硫黄というごくふつうの化学組成をもち、金はまったく含んでいないのです。結晶の形は、四角い箱形やピラミッドのような角すいが多く、表面にかすかなしま模様やみぞがあります。鋼鉄でできたもので注意深くたたくと、火花が出ます。

硫化鉄はさまざまな結晶形となって現れます。黄鉄鉱と同様の化学組成をもつもうひとつの形が白鉄鉱（marcasite）で、白い黄鉄鉱（white iron pyrites）とも呼ばれています。

石のデータ

色　薄い黄色から濃い黄色、真ちゅう色、黄金色、まれに白銀色

光沢　光沢のあるなめらかな表面は、新しいとよく反射するが、時間の経過とともにつやがなくなり色あせてくる

結晶　小さなものから大きなものまであり、上部が平面の四角い箱形（立方体）か、先端がとがっている形（8面体）

へき開　いちようではない

重さ　とても重い

透明度　不透明

硬度　モース硬度 6〜6½

結晶の表面に、かすかなしまやみぞがある

立方体、または8面体をした結晶

金色、黄色または真ちゅう色

新しい標本は金属のように輝く

21

石英

長石を除けば、石英はもっともよく目にする鉱物です。石英は、ケイ素と酸素だけからなる二酸化ケイ素（SiO_2）という単純な化学組成をもっています。砂粒として、または砂岩（53ページ）のなかにあるのが一番なじみ深いですが、宝石用原石のタイプの石英もあります。黄褐色のシトリーン、褐色がかった赤色のカーネリアン、赤色のジャスパー、紫色のアメジスト、しま模様のオニキスなどです。

2月の誕生石のアメジストは、すみれ色や紫色をした石英で、この色はほんのわずかに含まれる鉄やほかの金属によるものです。彫ったりみがいたりして、小さくて繊細な形がつくれるのです。

石のデータ

色　透明から黒色までほぼすべての色がある
光沢　ガラス光沢から輝きのないものまでさまざま
結晶　六角柱状から粒状までさまざま
へき開　固有の割れ方はしない
重さ　やや重い
透明度　めったに透明にならず、たいていは半透明から不透明
硬度　モース硬度7（基準となる鉱物）

ほぼ透明

大きくて透きとおった結晶が、成長し結合しながら形成されていく

見ためはガラスのようである

六角柱状の結晶形

安山岩

安山岩（アンデサイト、andesite）は南アメリカ大陸のアンデス山脈にちなんで名づけられました。ここでは何百万年にもわたって火山が噴火したので、この長くて高い山脈の大部分は安山岩でできているのです。安山岩は、玄武岩（24ページ）の次によく見られる火成岩のひとつで、ふつうは、きめの細かい黒褐色で、長石や黒雲母などの、大きめで色が薄くぴかぴか光る鉱物の結晶を含んでいます。

安山岩は、金属銅を求めて掘り出される鉱石のひとつです。このような混合鉱石のなかには銀や、ひょっとすると金もあるかもしれません。もっと珍しく値打ちのある工業用金属の、ニッケルやプラチナまでも含まれているかもしれないのです。

石のデータ

色 褐色から黒色で緑色をおびていることもある

外観 きめが細かく、大きめで明るい結晶を含んでいる

産地 アンデス山脈、東アジア、太平洋諸島、東ヨーロッパ、イタリア

主な鉱物 斜長石（中性長石など）、普通角閃石、輝石

粒／結晶 細粒で、中くらいから大きい、あわい色の光る結晶

重さ やや重い

硬度 モース硬度6～7（5～7½）と同等

暗い色で細粒状の石基

中くらいか大きめの、透明またはあわい色の結晶（雲母や同類の鉱物）

きれいに割れずに端がぎざぎざとしていてなめらかではない

23

玄武岩

　もっとも一般的な噴出火成岩は玄武岩です。「噴出岩」とは、溶岩が噴出し、冷えて固まってできた岩石のことです。大陸の広大な範囲と海底の大部分で、火山作用によってできた無数の割れ目を通って上昇した「氾濫玄武岩」は、地表に流れ出て固まり、岩床を形成しました。この岩床はだいたい濃い灰色からほとんど黒色で、細かい均一の粒を含んでいます。

　アイルランド北東部の海岸線にあるジャイアンツ・コーズウェイには、おびただしい数の玄武岩の石柱群があります。これは5000万年以上も前に、火山の噴火によって流出した溶岩が冷えてつくられたものです。

石のデータ

色　濃い灰色からほぼ黒色で濃い褐色もある
外観　細粒で、大きな結晶などのほかの特徴はほとんど見られないか、まったくない
産地　北アメリカ、南アジア、グリーンランド、アイスランド、スコットランドや、海底をはじめとするさまざまな場所でも多く産出される
主な鉱物　斜長石、輝石
粒／結晶　ふつうは小さくふぞろいで目立たない
重さ　やや重い
硬度　モース硬度7（5〜7½）と同等

色はたいてい濃い灰色

細粒や結晶は小さすぎて簡単には見えない

むらがなく、大きな結晶やそのほかの特徴はめったにない

はがれたり割れたりしない

閃緑岩

この岩石にはだいたい、小さな斑点やまだら模様が見えます。粒や結晶は、黒色や、さまざまな色みの灰色から、ほぼ白色から透明なものまでいろいろですが、そのほかの色になることはめったにありません。とはいえ、閃緑岩はまた、まっ黒い色やとても薄い灰色になることもあるのです。結晶や粒の大きさもさまざまで中粒からあらい粒まであり、黒雲母が含まれていると輝きが生じ、魅力的になるでしょう。

> ハンムラビ法典がしるされている石は、ほとんど黒色の閃緑岩から彫り出されたものです。3700年以上も前に作られ、高さは2.2mもあります。法律や、さまざまな悪事に対する罰則がすべて並べあげてあるのです。

石のデータ

色　ほぼ黒色からさまざまな色みの灰色をへて白色まで

外観　部分的に色がちがうため、小さな斑点、まだら、ぶちなどがあるように見える

産地　主にヨーロッパ、スカンジナビア、北アメリカ東部、ニュージーランド

主な鉱物　斜長石（中性長石など）、普通角閃石、黒雲母や輝石を含むことも多い

粒／結晶　大中小さまざまの結晶が融合したり結合したりしてまじっている

重さ　やや重い

硬度　モース硬度5～8と同等

- 雲母がきらめきを与えている
- 中粒やあらい粒の結晶がまじっている
- 小さな斑点が点在したり、継ぎはぎがあったりするように見える
- まざって結合した結晶

粗粒玄武岩

輝緑岩としても知られる粗粒玄武岩は、通常は濃い灰色か緑色からほぼ黒色をしています。直径1mmから5mmの、目に見える結晶を含んでいることがよくあります。粗粒玄武岩は均一にはすり減らない硬い石なので、多くはでこぼこしてざらついた手ざわりがします。主要な鉱物は、大きめの結晶の斜長石と、小さめの結晶の普通輝石（8ページ）のような輝石です。

石のデータ

色 灰色や緑色から黒色に近い色
外観 つやのないものからきらきら輝くものまであり、鉱物のちがいによりまだらに見える
産地 ほぼすべての大陸で、大昔に火山活動のあった場所
主な鉱物 斜長石、輝石、石英、かんらん石、磁鉄鉱
粒／結晶 虫めがねがないとほとんど見えないくらい小さなものから直径5mmくらいまでさまざま
重さ やや重い
硬度 モース硬度　5½～7と同等

ストーンヘンジは、5000年から4000年前のあいだにつくられた有名なイギリスの古代遺跡ですが、その巨大な立石の多くは粗粒玄武岩です。

色のちがう結晶で、まだらに見える

きらっと光ったり輝いたりする結晶もある

表面はでこぼこして、ざらついた手ざわり

かんらん石が含まれているために、灰色はかすかに緑がかっている

斑れい岩

玄武岩（24ページ）と同じように、斑れい岩も海底の広大な領域を形成します。しかし玄武岩とちがって、斑れい岩は地下で冷えて固まりました。そのため「貫入岩」として知られています。このようにゆっくり冷えていくと結晶は大きくなり、結合して組み合わさり、複雑な集合体をつくります。斑れい岩には暗い灰色から明るい灰色までありますが、緑色をおびていたり緑がかった灰色だったりすることがよくあります。これは鉱物のかんらん石（19ページ）によるもので、ひょっとすると非常に濃い緑色をした斑点があるかもしれません。

スコットランドのスカイ島にあるクィリン・ヒルズは約5000万年前に形成され、大部分が粗粒の斑れい岩で構成されています。表面がでこぼこで角ばっているので、ロック・クライマーがしっかり握ることができます。

石のデータ

色　ほぼ黒色から白色に近いものまで色調の異なる灰色で、緑色をおびていることが多い

外観　結合している大きな結晶や粗粒の複雑な集合体

産地　ヨーロッパ、とくにアルプス山脈、ギリシア、トルコで、イギリス西部や北部、北アメリカ西部などにも分布

主な鉱物　斜長石、輝石、角閃石、かんらん石

粒／結晶　ふつうは、少なくとも1～2mmの、中くらいの結晶

重さ　やや重い

硬度　モース硬度5～7と同等

さまざまな色あいがあるが、主に灰色

結合した大きな結晶

結晶を基盤とするでこぼこした表面

かんらん石が含まれているので緑色をおびている

花崗岩

硬くてじょうぶで、ピンク色かピンク色をおびた灰色をしている。結晶や粒子が中粒から粗粒で、ときには小さな濃い斑点があって、そのほかには内部の特徴がない石を見つけたら、それは花崗岩である可能性が高いです。灰色や白色、黄色っぽいものや緑色っぽいタイプもあります。とても広い範囲に分布していて、地殻のなかで一番よく見られる石のひとつです。花崗岩はまた、10億年以上昔の岩石の構成成分として含まれているものでもあるのです。

ブラジルのリオデジャネイロにあるシュガーローフ山は丸みのある花崗岩の峰で、高さが400m近くあります。花崗岩はたいてい硬く、まわりの石をすり減らしてしまう浸食にも強いのです。

石のデータ

色 あわい色から濃い色まで変化に富み、ピンク色、灰色、黄色、緑色、褐色で、ほぼ黒色までもある

外観 あわい色や濃い色の鉱物の結晶がひとかたまりになっているので斑紋やしみのように見える

産地 北アメリカ、スカンジナビア、北アジア、南アメリカ中部、アフリカなど広範囲におよぶ

主な鉱物 石英、雲母、長石

粒／結晶 中粒から粗粒（通常は5mm以上）

重さ やや重い

硬度 モース硬度 5½〜8と同等

中くらいの粒から大きい粒や結晶

たいていピンク色っぽく、黒色の斑点がある

層をなしているのが見えることがある

黒曜岩

黒曜岩は、またの名を「黒いガラス」といいます。噴火口からどろどろの溶岩として噴出し、急速に冷えるため結晶になる時間がほとんどない岩石です。スコップで掘られたような湾曲した面で割れ、その表面には円形の線があり、面のへりはとてもするどくとがっていることがあります。黒曜岩は先史時代からずっと、矢じりや斧頭のような武器や道具に使われてきました。また、ぴかぴか光る黒色の装飾品や彫刻にも使われています。

何千年ものあいだ、黒曜岩は、矢じりや、破片を刃としたほかの武器や道具に利用されてきました。黒くてきらきら輝く美しさから、実用的な用途のみならず儀式にも使われたのです。

石のデータ

色 たいていは黒色だが、もっと明るい灰色のものもある
外観 ガラスのような輝きがある
産地 アンデス山脈、地中海北岸、ロッキー山脈、東ヨーロッパ、東アフリカ、太平洋諸島など、主に古代の火山地帯
主な鉱物 石英と少量の長石、磁鉄鉱、そのほかの鉱物
粒／結晶 ない、もしくは顕微鏡でしか見えない
重さ 中くらい
硬度 モース硬度5〜6と同等

- 端はするどい
- きらきらした表面
- 結晶構造は見えない
- スコップで掘られたような割れ口
- 見ためはガラスのようである

29

ペグマタイト

ペグマタイトのとくに注目すべき特徴は、長石や石英（22ページ）、そしてそのほかの鉱物の結晶がとても大きいことです。その大きさは親指と同じくらいか、もっと大きい場合もよくあります。これは、地下でとてもゆっくり冷えて固まったためです。それゆえペグマタイトには、燐灰石、アクアマリン、透きとおった緑柱石やトパーズなど宝石用原石にふさわしい質の高い結晶がたくさん含まれています。

ペグマタイトはさまざまな種類の宝石用原石向きの良質の鉱物をもたらします。カットしてみがくことで、昔から11月の誕生石とされているトパーズのような宝石になります。

石のデータ

色 鉱物の組成のちがいにより、白色から黒色まで、異なる色の度あいや中間的な色あいなどさまざま

外観 大きな結晶が結合してできているので、ひとつの「がっしりしたかたまりのように」見える

産地 北アメリカ東部または南西部、南アメリカ中部、北アジア、マダガスカル、オーストラリア

主な鉱物 長石、石英、雲母

粒／結晶 粗粒から巨大なものまで、結晶は次第に結合して同化し、直径5cm以上になるものもある

重さ 中くらい〜やや重い

硬度 鉱物により大きく変わるが、通常はモース硬度6〜8と同等

とても大きな粗粒の結晶

「がっしりしたかたまりのような」ふぞろいの結晶配列

結晶している鉱物によって色が異なる

黒色の磁鉄鉱

斑岩

「斑岩」は岩石の総称です。基質や石基という、はっきりと目に見える構造のない非常に細かい粒のなかに、とても大きな結晶を埋め込んでいる岩石をいいます。この大きな結晶は斑晶として知られています。石英斑岩では、斑晶は鉱物の石英でできています。

フランス南東部の海岸に面したサン・ラファエルに近い、地中海の岩の多い小島は、石英と、石英に類似したもっと大きな結晶を含む赤色の斑岩で大部分が形成されています。

石のデータ

色 灰色または色調の異なる褐色、赤色、ピンク色で、ときどきすみれ色や紫色

外観 細粒のガラス質の石基で、石英斑岩に含まれる石英の結晶のように、粗粒の結晶を含んでいる

産地 ヨーロッパアルプス、イギリス、北アメリカ西部

主な鉱物 石英、長石、黒雲母

粒／結晶 細粒の石基のなかに、斑晶として知られる大きな結晶があり、ときには親指大にまでなる

重さ やや重い

硬度 モース硬度5～8と同等

- 細かい石基
- 大きめの結晶が埋め込まれている
- ふつうは灰色かピンクっぽい色
- 斑晶の色は石英のちがいによって変わる

軽石

水に浮く岩石は本当にあるのです。それが、軽石です。火山から突然溶岩が噴出して外圧が減少すると（炭酸飲料のボトルをあけるときのように）、なかにある微量のガスが大きな泡となって軽石ができます。この岩石は「泡だらけ」になり、冷えて気泡のまわりが硬くなって、スポンジのような姿になるのです。

石のデータ

色　ふつうはあわいピンク色、黄色、灰色
外観　大きさがさまざまの穴や気孔がたくさんある
産地　イタリア、東南アジア、日本のような火山地域
主な鉱物　石英とそのほかのケイ酸塩鉱物、方解石のように特別なもの
粒／結晶　細かくて顕微鏡でないと見えないものまである
重さ　とても軽い〜軽い
硬度　気泡の量によるが、モース硬度2〜4と同等

イタリアのローマにあるパンテオン神殿は1900年近くも前に建てられました。ドームは古代のコンクリートでできていて、主要成分として軽石の破片が含まれています。

空気穴のあいた多孔質の状態

穴のまわりの岩石は細粒で、いちようにつやがないか、ガラス光沢

色はふつう薄い

32

流紋岩

鉱物組成は花崗岩と同様ですが、流紋岩はどろどろした濃厚で粘りのある溶岩が火山から流れ出て、急速に冷えたときにできます。これは黒曜岩や軽石（29ページと32ページ）のでき方と似ています。流紋岩はふつう色が薄く、斑状組織をもっています。斑状組織とは、非常に細かい粒、またはガラスからなる基質のなかに斑晶と呼ばれる大きな結晶が存在する状態をいいます。

アメリカのネバダ州にある町ライオライト（Rhyolite）では、流紋岩（ライオライト、rhyolite）がたくさん露出しているため、その名がつきました。町は1905年から1920年のあいだ、短いゴールドラッシュのブームにわきましたが、それ以降はさびれた「ゴーストタウン」となってしまいました。

石のデータ

色 ふつうは明るい色あいの灰色、クリーム色、褐色

外観 細かい石基や基質はガラス質の場合もある。斑晶や小さな気孔（空気のすき間）が斑点やしみのように見える

産地 アイスランド、ニュージーランド、太平洋諸島のように火山活動をしている場所。また中央ヨーロッパ、北アメリカの山脈、インド、オーストラリア東部など

主な鉱物 石英、アルカリ長石、黒雲母ほか

粒／結晶 石基や基質は顕微鏡でしか判別できないほど細かくてほとんど粒を含まず（ガラス質）、大きな斑晶がある

重さ やや軽い

硬度 モース硬度6〜7と同等

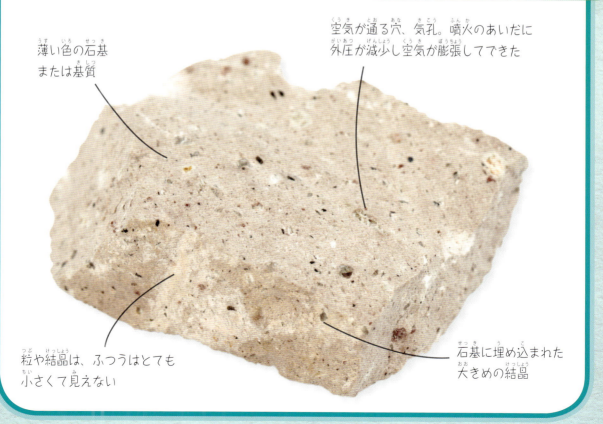

薄い色の石基または基質

空気が通る穴、気孔。噴火のあいだに外圧が減少し空気が膨張してできた

粒や結晶は、ふつうはとても小さくて見えない

石基に埋め込まれた大きめの結晶

凝灰岩

凝灰岩は、基本的に、噴火した火山から噴出した灰が固まったり、硬い岩石に変わったりしてできたものです。火山灰は、ふつう直径2mm以下の破片や小片で、空気中に放出されて降り積もったものをいいます。石化作用は、小片が非常に熱くなり互いに「融合」したり、鉱物を含む水がセメントのような働きをして小片を結びつけたりするなど、いくつかの方法で起こります。

イタリアのローマにある建物は、古代のものも最近のものも、多くはその土地の採石場から入手した凝灰岩のかたまりからできています。5万5000人をも収容したコロッセオもそのひとつです。

石のデータ

色 ほとんどの種類が、クリーム色、明るい黄色やピンク色、あわい灰色などの薄い色

外観 こぶがあり、でこぼこしていることが多く、まぜ方の悪いコンクリートのように見える

産地 活火山や死火山といった火山のある場所。ニュージーランド、インドネシア、日本、太平洋諸島、南北アメリカの西部、イタリア、ギリシア、トルコなど

主な鉱物 たとえば流紋岩や安山岩など、火山から噴出したマグマのタイプによってさまざま

粒／結晶 砂粒大の細かい粒子で、もっと大きいかたまりやかけらがまざっていることが多い

重さ やや軽い

硬度 モース硬度4～6と同等

- 砂粒に似た質感
- 含まれている鉱物によって決まる薄い色
- ごつごつして不均一な構造
- 火山灰の粒子が互いに結合している

片麻岩

この石には色のついたしま状の部分があり、暗い色と明るい色が交互になっていることがよくあります。これらは堆積岩の層のように見えるかもしれませんが、片麻岩では強い圧力と熱によって、もとの岩石に含まれていた鉱物が変化して動き、しま模様が生まれるのです。このしま模様は層に沿ってざっくり割れます。石英（22ページ）や長石は、明るいほうのしま状組織を構成し、鉄やマグネシウムやそれに似たような鉱物中の金属元素は暗いほうの部分をつくります。

石のデータ

色 明るいものから暗いものまで、通常は褐色か灰色
外観 横から見るとしまや帯のように見え、上から見るとシート状に見える
産地 ヨーロッパアルプス、ヨーロッパ、北アメリカ、ニュージーランド、東アジアなど世界のほとんどの場所
主な鉱物 長石、石英、雲母
粒／結晶 中粒から粗粒で明るい色と暗い色の層となって見られる
重さ やや重い
硬度 モース硬度 6½〜7½ と同等

高さが1.7mあるエジプトのカフラー王の像は、4500年以上も前に、斜長石を含む片麻岩を彫ってつくられました。閃緑岩の組成とつながりのある石で、600kmも離れた採石場から運ばれたのです。

大きな結晶

しま模様

褐色、ピンク色、灰色の色あいが目立つ

層に沿って分裂

35

ホルンフェルス

ホルンフェルスの岩石グループは、もとが堆積岩か火成岩かによって、鉱物の組成が変わります。通常は硬くて重く、なめらかなかたまりで、あまり割れたりひびが入ったりしません。灰色、緑色、褐色などがまざった暗い色をしていて、ときどき、ほぼ黒色のものもあります。比較的明るめのすじや暗めのすじ、細かくまざりあった線が入っているものもあるでしょう。

日本の萩市には、ホルンフェルスとほかの岩石がしま模様を描く壮観な断崖があります。この断崖は、地球の外層（地殻）にできた巨大な割れ目である断層によって形成されています。

石のデータ

色 濃い灰色や緑色からほぼ黒色
外観 暗色のまだらやすじがまざっており、目に見える粒はわずかか、まったくない
産地 スカンジナビア、ヨーロッパ、北アメリカ、ニュージーランド
主な鉱物 もとの岩石によって決まるが、一般的には長石、黒雲母、石墨、透輝石、普通角閃石、輝石、コランダム、尖晶石
粒／結晶 非常に小さく、からみあって結合しているので、たいていは不明瞭
重さ やや重い〜重い
硬度 モース硬度 6½〜8½ と同等

ふつうは暗い色で、明るい部分があるものもある

粒は非常に小さいか、肉眼ではまったく見えない

青色の鉱物の藍銅鉱

なめらかで硬い手ざわり

緑色の鉱物の孔雀石

大理石

もっとも有名な岩石のひとつである大理石は、石灰岩（52ページ）が高い熱にさらされながら圧力が十分に高くなかったときにできます。純粋な大理石はほぼ白色ですが、種々の鉱物によって、とても薄いピンク色や青色から濃い灰色や褐色まで、幅広い色になります。強い光のもとで目を凝らして、大理石のごく小さな結晶がどんなふうに輝いているか見てみましょう。

石のデータ

色 白色から薄い灰色、青色、褐色、緑色、ピンク色、すみれ色
外観 真珠や絹のような光沢があり、みがきあげると美しい輝きを放つ
産地 イタリアが有名だが、中国、スペイン、インド、イギリス、北アメリカなど多くの地域で産出される
主な鉱物 方解石、苦灰石、そのほか多くの鉱物が少量含まれる
粒／結晶 細粒から粗粒
重さ 中くらい〜やや重い
硬度 モース硬度3〜4（まれに2〜5）と同等

インドのアーグラにあるタージ・マハルは1650年ごろに完成しました。これは壮大な墓、つまり霊廟で、白い大理石で建てられています。中央の丸屋根部分の高さは35mにもなります。

ほかの鉱物によって色がつき、ピンク色になるのは赤鉄鉱や針鉄鉱のような鉄鉱物による

非晶質（内部に層やかたまりやそのほかの構造がない）

主な結晶は、たいてい方解石と苦灰石

結晶は結合して固体のかたまりとなる

千枚岩

この岩石は、粘板岩（42ページ）のようなほかの変成岩でできていて、熱や圧力によってさらなる変化をへたものです。千枚岩は、シートのような層状に形成されることがよくあります。その層は紙のように薄くも、煉瓦よりも厚くもなりえます。また、平たんだったり、波状になっていたり、ひだ状になっていたりします。ふつうは灰色っぽい色あいですが、緑泥石という鉱物により緑色をおびていることもあります。また鉱物の雲母のごく小さい薄片により絹のような輝きを放ちます。

石のデータ

色 白っぽい灰色からもっと濃い灰色まであり、緑色をおびていることもある

外観 層状または葉状で、簡単には割れないが、小さな雲母の薄片により銀や絹のように見える

産地 ヨーロッパ、とくにアルプス山脈とスコットランド西部の島々、北アメリカ、そのほか多くの地域で少量が産出される

主な鉱物 石英、絹雲母、緑泥石、長石

粒／結晶 細粒から中粒、雲母の薄片のような粒子

重さ 中くらい〜重い

硬度 モース硬度2〜4と同等

ガンダーラ美術は約2000年前のパキスタン北西部で始まり、緑がかった千枚岩の石彫が、この美術をよく特徴づけています。

- 緑がかった色
- 絹のような輝き
- 細粒から中粒
- 波状またはしわの寄った層

珪岩

珪岩（クォーツァイト、quartzite）は、名前が示すとおり、多くの石英（クォーツ、quartz、22ページ）を含んでいます。大部分は、砂岩（53ページ）に熱が加わり押しつぶされたとき、もとの粒が（溶けないけれど）変化し、結合してできます。これにより、珪岩はガラスのように見えることがあります。熱や圧力はまた、層や化石など、もとの粒や特徴を取り除いてしまいます。

珪岩は硬くて耐候性があり、魅力的な色をしているので、海岸を摩滅や腐食から守る防波堤に好まれて使われています。

石のデータ

色 白色、白っぽい灰色から濃い灰色、ピンク色、赤色、褐色など鉄鉱物によってちがう

外観 ざらざらしたものからなめらかなものまであり、さまざまな種類の小さな粒がまざっていて、雲母を含むのできらめくこともある

産地 北アメリカ、イギリス、南アメリカ中部、南東アフリカなど広範囲に分布

主な鉱物 石英、雲母、長石

粒／結晶 中粒からきわめて細粒で、目に見えないものもある

重さ やや重い

硬度 モース硬度 6 1/2 ～ 7 1/2 と同等

- さまざまな種類のあわい色
- つやがあり、きらきら光って見える
- この標本では層がしっかり残っている
- ごくごく細粒

片岩

片岩のグループに属する岩石は、黒雲母や白雲母（18ページ）のような鉱物を成分としているので、ふつうは薄片状、うろこ状、葉状にはがれます。薄く平たんな破面をつくって簡単に割れるこの特徴（へき開）は、「葉片状」の構造として知られています。種類の異なる片岩はその代表的な鉱物や外観にちなんで、雲母片岩、緑泥石片岩、ざくろ石片岩などと名づけられています。この絵は緑色片岩です。

サウスダコタ州のラシュモア山に彫られたアメリカの大統領の胸像は、主に花崗岩からなっています。しかし、左端のジョージ・ワシントン大統領の下に、もっと暗い色の片岩が見えます。

石のデータ

色 白色から黒色や、緑色をおびたもの、黄色、ピンク色、赤色、青色など鉱物組成によって大きく異なる

外観 薄片やうろこのようにはがれ、雲母を含むので、きらめき、層に褶曲ができていることもある

産地 あらゆる大陸に非常に広く分布しており、とくに山岳地帯に多く産出される

主な鉱物 雲母、緑泥石、石墨、普通角閃石、石英などいろいろである

粒／結晶 簡単に割れる平らでうろこのような断片

重さ やや重い

硬度 モース硬度 4～6½ と同等

緑泥石、蛇紋石、緑簾石などの鉱物によって色が決まる

つややかな光沢のある輝き

破片の層

蛇紋岩

蛇紋岩という名前は、蛇紋石のグループに属する鉱物を含む数種類の岩石につけられています。クリソタイルやアンチゴライト（ホワイトアスベスト）などがこれにあたり、加えて、かんらん石（19ページ）のような、蛇紋石ではない鉱物もこの仲間に含まれます。ふつうは、あわい緑色から深い緑がかった黒色まで、色あいの異なる緑色をしていて、中粒から粗粒の太くて短い結晶を含んでいます。結晶の大きさは米粒くらいからブドウの実くらいまでさまざまです。このような特徴から、蛇紋岩は彫刻や研磨用に価値があるとされています。

蛇紋岩は、アメリカのカリフォルニア州のシンボルの石として公式に指定されています。危険な放射線や放射能を妨げる効力があるため、原子力発電所でも使用されています。

石のデータ

色 薄い緑色から濃い緑色まであり、ところどころまだら状に色あいが異なっていることが多く、ときには赤い帯（場所）があることがある

外観 しまや岩脈や帯のような模様がついていて、ときどき繊維のようなかたまりがあり、つるつるした、ろうのようなつやがよく見られる

産地 ヨーロッパアルプス、イギリス、北アメリカ東部と西部、オーストラリア東部、ニュージーランド、カリブ諸島など広範囲にわたって分布している

主な鉱物 アンチゴライト、クリソタイル、リザルダイトやそのほか多くの蛇紋石鉱物

粒／結晶 中粒から粗粒で、ふつうはかたまりや斑点状になっている

重さ 中くらい

硬度 モース硬度2〜4と同等

異なる色調の緑色のまだら

帯やしまのような模様

結晶は中くらいから大

繊維状のかたまり

41

粘板岩

ふつうは灰色で、ろうや油のような光沢のある粘板岩は、泥岩や頁岩（54ページ）のような堆積岩に、熱と圧力が作用してできます。大きくて薄い平板状に割れることで有名です。何世紀にもわたってこの薄い板は、屋根の「スレート」や旧式の書字板、チョークで文字を書くための黒板などをつくるのに使われました。粘板岩にはもとの岩石に入っていた化石のあとが含まれていることがあります。

「スレート」は粘板岩でできた平らな瓦で、何千年も昔から屋根ふき材料に使用されています。よくみがきあげた装飾用の粘板岩は壁や床に使われます。

石のデータ

色 通常は灰色の色みで、比較的明るい部分や暗い部分が、点やすじや線や岩脈という形で入りまじっている場合もある。青色、緑色、赤色をおびていることもある

外観 細粒でろうや絹のような輝きがあり、ほかの鉱物がだまになっていたり小さいかたまりになっていたりするものもある

産地 イギリス、北ヨーロッパ、中央ヨーロッパ、西ヨーロッパ、南北アメリカに有名な粘板岩の採石場があり、そのほかの地域でも産出される

主な鉱物 もとの岩石によって決まるが、ふつうは石英、長石、雲母、粘土鉱物

粒／結晶 細粒

重さ やや重い

硬度 さまざまで、モース硬度3〜5½と同等

灰色の細粒

割れた面は薄板状になっている

ほかの鉱物のすじやかたまり

石鹸石

石鹸石は、凍石としても知られ、見るよりもさわったほうが識別しやすい岩石のひとつです。やわらかく「石鹸のような」手ざわりがします。ぬれているわけでも湿っているわけでもないのですが、かなりつるつるしていてよくすべります。これは、石鹸石が主に滑石でできているからです。滑石は、あらゆる鉱物のなかでもっともやわらかくて白っぽい色をしているのです。ほかに含まれる鉱物としては、磁鉄鉱（17ページ）があり、これによって灰色をおびます。また、緑泥石も含み、そのために緑色っぽくなります。

ブラジルの都市、リオデジャネイロには、丘の上にそびえる有名な像があります。これは、コルコバードのキリスト像と呼ばれ、像の外層は石鹸石でできています。

石のデータ

色 乳白色からあわい緑色、灰色、褐色をへて濃い色みの緑色や灰色まで幅がある

外観 絹や真珠のような表面をしており、ほんの少し透きとおって見える

産地 ほとんどの大陸で産出されるが、とくに北アメリカ、スカンジナビア、東アフリカ、南アジア、東アジア、ブラジル

主な鉱物 通常は少なくとも5分の4が滑石で、磁鉄鉱、緑泥石、苦灰石も含む

粒／結晶 細かい粒または小片で、大きな結晶はめったに見られない

重さ 中くらい

硬度 モース硬度1～2（まれに2½）と同等

緑泥石という鉱物により緑色っぽくなっている

絹やろうのようにすべすべした外観

やわらかくて石鹸のような「すべすべする」手ざわり

角礫岩

角礫岩は、礫岩（47ページ）と同じく、中くらいから大きめのほかの石のかたまりを含む基質や石基で構成されています。しかし礫岩と異なり、砕屑物と呼ばれるこれらのかたまりは、角ばっていたり縁がするどかったりします。崖の岩のかけらが岩盤すべりの際に割れてはがれ、崖が落下したりなだれ落ちたりするときに角礫岩ができます。岩の破片は細粒の堆積物のなかにたまり、しだいに硬くなるのです。

アフリカ北西岸沖のテネリフェ島にシンチャド・ロックがあります。これは今なお、くずれることなく露出する角礫岩です。一方、まわりのもっとやわらかい岩石はすり減ってしまいました。

石のデータ

色 かたまり部分の色はもとの岩石の種類によるが、基質はふつうクリーム色、灰色、黄色のような明るい色

外観 先端や縁のある角ばった岩石のかけらが、天然の「セメント（膠結物）」のなかに入っている

産地 世界中に広く分布しているが、たいてい量が少ない

主な鉱物 もとの岩石によって異なるが、基質は石英、粘土鉱物、方解石、塩鉱物でできている

粒子 大きく、角ばったかたまりで、ふつうは直径5mm以上ある

重さ 中くらい〜重い

硬度 もとの岩石により、モース硬度5〜8と同等

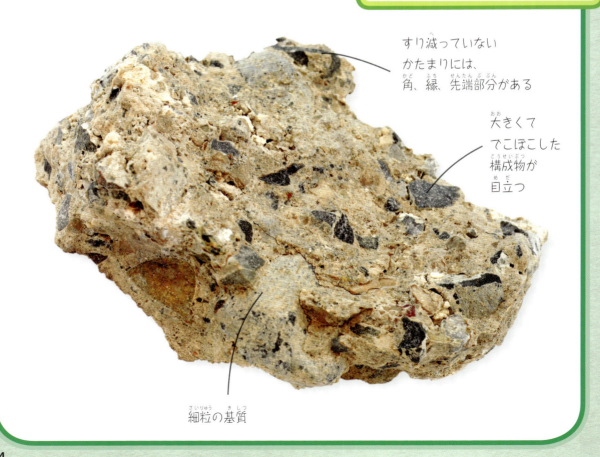

すり減っていないかたまりには、角、縁、先端部分がある

大きくてでこぼこした構成物が目立つ

細粒の基質

チョーク

石灰岩（52ページ）のひとつの形態であるチョークは、あざやかな白色で、とてもやわらかく、粉のようにぼろぼろになりやすいので、すぐに見分けがつきます。通水性があり、水やそのほかの液体をたくさん吸い込みます。チョークはほぼ方解石（9ページ）からなっており、何百万年も前に海底に沈んだ海洋生物の死がいの殻やからだをおおうもの（外骨格）でも形成されます。

良質のチョークは、セメントやコンクリートから歯みがき粉や化粧品まで、広範囲にわたる産業や製品に使うために採石されます。

石のデータ

色　白色で、あわい黄色、ピンク色、青色などの色みをおびていることがある

外観　細粒で表面に粉がふいているように見え、硬くがんじょうな手ざわりか、あるいはとてもやわらかく手のなかでぼろぼろにくずれる

産地　ヨーロッパ各地で産出され、そのほかの地域ではほとんどまれである

主な鉱物　方解石、シルト、粘土鉱物

粒子　ごく細かいものから粉のようなものまで

重さ　やや軽い〜やや重い

硬度　さまざまで、モース硬度2〜4と同等

白色か、白色に近い色

細粒で、粉をふいているように見える

はっきりした層はない

比較的やわらかく、簡単にみぞが彫れ、摩滅しやすい

石炭

この岩石がつくられるまでには何百万年もかかります。巨大な沼地のような場所で植物が枯れはて、それが埋まり凝縮されて化石を基盤とする物質を形成するときにできるのです。主な物質は、これらの植物からできた炭素です。どれだけ変化が進んだかによって、褐炭のようにやわらかくて褐色になったり、瀝青炭のように輝きのある黒色になったり、無煙炭（家庭用炭のひとつ）のように硬くて光沢のある黒色になったりします。

採炭は世界最大の産業のひとつです。発電所で石炭を燃やして、わたしたちの電力の4分の1が供給されていますが、地球の大気に有害なガスも排出されているのです。

石のデータ

色　褐色から漆黒
外観　つやのないものから輝きのあるものまであり、不規則な平らな部分に割れる
産地　すべての大陸の多くの場所で産出され、燃料用に大量の石炭が採掘される
主な鉱物　主な物質は炭素だが、窒素や硫黄なども含まれている
粒子　ごく小さな結晶があることがある
重さ　軽い（瀝青炭）～中くらい（無煙炭）
硬度　モース硬度2～4と同等

黒色

隆起があり、きめのあらい面

化石や化石のような組成物を含むことがある

ぴかぴか光る表面

礫岩

角礫岩（44ページ）と同様に、礫岩にも、周囲や基質のなかに砕屑物と呼ばれる岩石のかたまりがあります。しかし、この砕屑物は、するどい縁やとがった先をもたず、海浜の小石のようにすり減って丸くなっています。礫岩は、海底、川岸、氾濫原などでできます。こうした場所では砕屑物はごろごろ転がって角がすり減り、丸みをおびるのです。

礫岩は火星でも見つかっています。これにより、「赤い惑星」にも水が存在したことが証明されたのです。

石のデータ

色 かたまり部分の色はもとの岩石の種類によるが、基質はふつうクリーム色、灰色、薄い黄色のような明るい色

外観 丸い砕屑物（岩石の破片）が、天然の「セメント（膠結物）」のなかに入っている

産地 世界中に広く分布しているが、たいてい量が少ない

主な鉱物 もとの岩石によって異なるが、基質は石英、粘土鉱物、方解石、塩鉱物でできている

粒子 砕屑物は、ふつう直径5mm以上ある

重さ 中くらい〜重い

硬度 もとの岩石により、モース硬度5〜8と同等

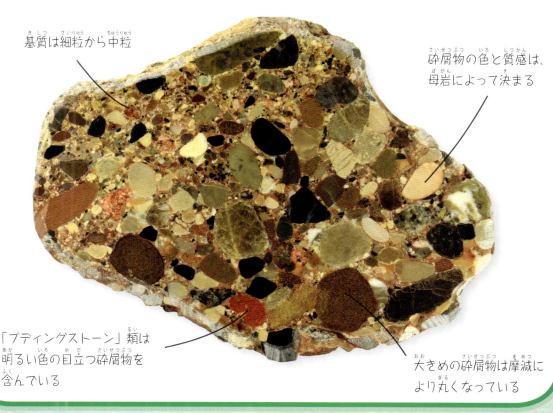

基質は細粒から中粒

砕屑物の色と質感は、母岩によって決まる

「プディングストーン」類は明るい色の目立つ砕屑物を含んでいる

大きめの砕屑物は摩滅により丸くなっている

苦灰石

この岩石は、苦灰石という同じ名前の鉱物との混乱を避けるため、苦灰岩とも呼ばれます。岩石の苦灰石は、鉱物の苦灰石を大量に含み、主に炭酸カルシウムと炭酸マグネシウムで構成されています。ある意味、石灰岩（52ページ）と似ていますが、もっと硬くて重いのです。この岩石の名前は、苦灰石（ドロマイト、dolomite）が非常に多く見られるイタリアのドロミテ山群にちなんでつけられました。

石油やガスを求める探検家たちは、たいてい、苦灰石を見つけると喜びます。苦灰石にはとても小さな穴や気孔があり、そこに天然ガスや石油がつまっていることがよくあるからです。

石のデータ

色 明るい緑色または褐色で、ときどき黄色またはピンク色

外観 粒が均等に並び、層およびほかの模様や構造のあとはほとんどない

産地 ほとんどの地域に分布しているが、とくに、とても古い時代（5億年以上前のカンブリア紀）の岩石がある場所に見られる

主な鉱物 苦灰石、方解石、少量の石英と黄鉄鉱

粒子 小さくて同じサイズの粒

重さ やや重い

硬度 モース硬度3〜5と同等

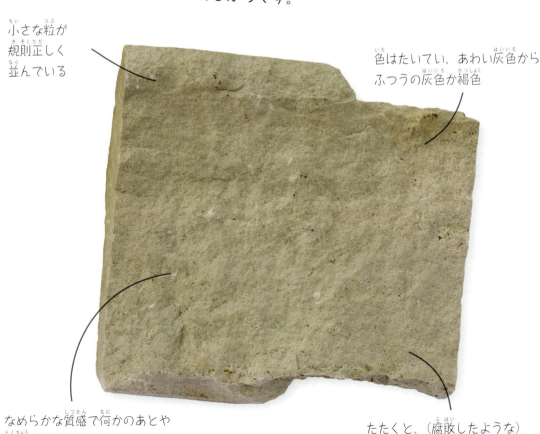

小さな粒が規則正しく並んでいる

色はたいてい、あわい灰色からふつうの灰色か褐色

なめらかな質感で何かのあとや特徴がほとんどない

たたくと、（腐敗したような）悪臭を放つことがある

48

火打石

　この岩石は、ふつうチョーク（45ページ）などほかの岩石と一緒に団塊（かたまり）で見つかります。この団塊の大きさは、豆粒よりも小さなものからサッカーボールよりも大きなものまでさまざまです。そして、なめらかな部分とでこぼこした部分があり、なかにとても小さな結晶がある場合もあります。チャートという石は火打石と似ていますが、粒がわずかに大きいです。玉髄も同じように見えますが、モルガナイトという鉱物を含んでいて、結晶の形も少しちがいます。

　火打石は石器時代にはあつらえ向きの素材で、この石をけずって、矢じり、槍の穂先、掻器、おの、および同じように鋭利な道具をつくりだしていました。火打石を打って形をつくるこの作業は、高い技術を必要とするのです。

石のデータ

色　あわい黄色や灰色からほとんど黒色までさまざまで、ときどきなかに帯やしまのような模様がある
外観　でこぼこしたかたまりや団塊、薄い板状に見える
産地　ヨーロッパ、北アメリカ、そのほか多くの地域。とくにチョークやほかの石灰岩と一緒に産出される
主な鉱物　石英、そのほか
粒子　小さく均等で、顕微鏡でしか見えない結晶
重さ　中くらい
硬度　モース硬度7と同等

- かたまりが多く、でこぼこした形状
- さざ波のような形、みぞ、しまや帯のような部分がなかにある
- 目に見えないほど小さな結晶
- ほかの鉱物がまだら模様に見える
- 縁のするどい欠け目やひび

化石

化石はふつう、堆積物のなかに埋没した生物の硬い部分が保存され、何百万年もかけてしだいに岩石に変わっていったものです。この変化は水中で起こることが多いので、もっとも一般的なのは海洋生物の化石で、とくに硬い殻をもった生物のものがよく見られます。ほかに化石になっているものには、樹皮、球果、堅果、動物のかたい外皮、歯、骨、つめなどがあります。

もっとも大きな化石は、体重60t、全長26mの巨大な恐竜、ドレッドノータスの四肢の骨です。ドレッドノータスは、おそらく史上最大の恐竜であると、2014年に発表されました。

石のデータ

色　白色のチョークから、赤色の砂岩、黒色の石炭まで、岩石の色による
外観　葉、球果、歯、殻などもとの生物の部分の形が見える
産地　世界中の堆積岩のなかに存在する
主な鉱物　岩石の種類によるが、通常は石灰岩、砂岩
粒子　石灰岩のなかの顕微鏡でしか見えないほど非常に小さなものから、砂岩の大きな粒まで岩石の種類によって異なる
重さ　やや軽い〜やや重い
硬度　さまざまだが、ふつうはモース硬度3〜6と同等

アンモナイト（絶滅した殻のある海洋生物で、現代のタコやイカの仲間）の化石

周囲の岩石や基質は石灰岩

殻のうね模様が目立つ

動物の頭と触手が、幅の広い端の部分から突き出ている

化石も石灰岩でできている

鉄鉱石

「さびた」ように見える硬くて重い岩石は、おそらく鉄鉱石です。さびは、赤みをおびた、オレンジ色または褐色の酸化鉄で、鉄分の多い鉱物のなかの鉄が、水蒸気（湿気）があるところで大気中の酸素と反応するときに形成されます。数種類の岩石は鉄を主成分とする鉱物を十分に含んでおり、頁岩（54ページ）や泥岩のような鉄鉱石として知られています。

1700年代に産業革命が始まったとき、鉄鉱石は重要な鉄の原鉱（原石）でした。しかし、すぐに供給が少なくなり、赤鉄鉱や磁鉄鉱などほかの鉱物にひき継がれました。

石のデータ

色 赤みをおびた、オレンジ色、褐色で、ときどき黄色

外観 さまざまな色のすじやまだら模様がついていることもある

産地 ほとんどの地域で少量が産出されると知られている。とくに北アメリカ、ヨーロッパ、東アジア、オーストラリア

主な鉱物 赤鉄鉱、針鉄鉱、褐鉄鉱、磁鉄鉱、菱鉄鉱など鉄を主成分とする鉱物

粒子 「母岩」しだいで、とても小さなものから豆粒大までいろいろある

重さ やや重い

硬度 「母岩」によって異なるが、通常はモース硬度4～6と同等

新しく露出した表面は、ふつう灰色

空気に触れると、さびに似たまだら模様ができる

黄色がかったオレンジ色から赤色をへて褐色までさまざまな色

石灰岩

この岩石は基本的に鉱物の方解石（9ページ）、すなわち炭酸カルシウムのひとつの形です。通常は、海洋生物がさまざまな大きさに割れ、かけらとなって含まれています。粒の大きさは、ごく小さな粒子からなる細粒か、貝殻などの完全な化石や同様のものでできた粗粒でしょう。石灰岩は、なかに入っているものによってたくさんの種類があります。たとえば、珊瑚の遺がいを含むものは珊瑚石灰岩、貝殻の入ったものは貝殻石灰岩と呼ばれます。

エジプトの古代のピラミッドの多くは石灰岩で建てられています。もっとも大きいのはクフ王のギザの大ピラミッドで、500万t以上もの石灰岩のブロックが使用されています。

石のデータ

色 ふつうはクリーム色、灰色、黄色っぽい褐色など明るい色だが、ほかの色も多い

外観 細粒の基質の「膠結物」で、化石が完全な形か、小さい破片となって含まれていることがある

産地 さまざまな形状で世界的に分布

主な鉱物 方解石、霰石に加えて、石英などそのほか多くの鉱物

粒子 粒の大きさはもとの岩石や生物の断片の種類によって変わる

重さ やや重い

硬度 組成によってさまざまで、モース硬度3～6と同等

化石のあとと考えられるもの、または完全な形の化石が見えることがある

粒の大きさはさまざま

方解石の結晶が輝いたりきらめいたりする

ぶちやまだら模様が見える

砂岩

砂の色は、ほとんど白色から黄色、ピンク色、赤色、褐色、灰色、そして黒に近い色までたくさんあります。そのため、砂粒が押しつぶされ「膠着」し合ってできた砂岩の色もいろいろあるのです。砂岩は地層（積み重ね）を示すことがあります。地層は、海や湖や川岸で、さまざまな粒がさまざまな時代に積もってできます。砂漠のぼろぼろとくずれやすく、風に吹きさらされた砂粒も、同じように地層をつくります。

アメリカのアリゾナ州にある砂岩、ザ・ウェーブは、風に吹かれた砂や塵や雨が、何百万年にもわたって、岩を侵食しなめらかにしてできたものです。多色の砂岩の層があらわになっています。

石のデータ

色 ほぼ白色、黄色、ピンク色から、赤色、褐色、さまざまな色調の緑色や灰色、黒に近い色まで

外観 ふつうは平らな粒状で、サンドペーパーのようにざらざらして見える。岩石の破片や化石を含んでいることもあり、雲母が含まれているとわずかに輝く場合もある

産地 さまざまな形状で世界的に分布

主な鉱物 石英、長石で、ときどき雲母も含まれる

粒子 砂粒大（正式には直径0.06～2mm）

重さ 中くらい

硬度 モース硬度6～7½と同等

- もとの砂粒によって色が決まる
- 平らで表面がざらざらした質感
- 色のちがいにより細かい斑点があるように見える
- 層にはひびや裂け目はない

頁岩

頁岩は、何百万年も前に海底や湖底に沈んで硬くなった、砂と粘土の中間の大きさの砕屑物シルトや、泥のなかの粘土質の鉱物から形成される岩石です。ふつうは暗い色をしており、粒はとても小さくて目に見えません。頁岩は葉理（薄い層）をもち、そこで平たく縁に角度のついた、うねやみぞのある破片となって割れます。泥岩やシルト岩も似ていますが、もっと割れにくいのです。

頁岩は膨大な量の天然ガスや石油を含んでいます。頁岩に穴を空けたり「破砕」したりする新しい方法によって、このような化石燃料の供給は著しく増加しました。

石のデータ

色 ふつうは、さまざまな色あいの灰色から黒色で、褐色、赤色、緑色、青色をおびていることもある

外観 粒子はとても小さくて目に見えないが、薄く不規則な葉理（薄い層）を形成したり、その形に割れたりする。層には、押しつぶされた化石を含んでいることもある

産地 世界中で産出されるが、とくに、北アメリカ、ヨーロッパ、アジアなど北にある大陸

主な鉱物 粘土鉱物、また石英、雲母、長石

粒子 顕微鏡でしか見えない粒

重さ 中くらい

硬度 モース硬度 2½～3½ と同等

- ふつうは濃い灰色
- わずかに輝くこともある
- 粒はとても小さくて目に見えない
- 押しつぶされた化石が含まれていることもある

隕石

隕石は宇宙からやってきた石で、「流れ星」のように燃えつきないで、地表に衝突したものです。ほとんどの隕石がコンドリュールと呼ばれる小さな球状の粒子を含んでいて、これはガラス質のように見えます。鉄を含んでいるものもいくつかあるので、磁石がくっつくかもしれません。隕石は非常に高温で、大気中で燃えて表面が溶融するため、「溶融殻」でおおわれています。隆起した部分と茶碗状にへこんだ部分は、まるでミニチュアの山と谷のように見えます。

アフリカのナミビアのホバ隕石は、世界中で一番大きな隕石です。おそらく5万年以上前に落下したとされ、今なお同じ場所にあります。この隕石の重さは約60tです。

石のデータ

色 非常にたくさんの色があるが、ふつうは中間的な灰色や褐色から黒色

外観 さまざまだが、外側部分は黒ずんでおり、溶けたような出っぱりとへこみがある

産地 世界中で見られる

主な鉱物 ふつうは二酸化ケイ素を含む鉱物、および鉄鉱物

粒／結晶 直径約0.2～10mmのコンドリュール（球状の粒子）を含んでいるものが多い

重さ 中くらい～重い

硬度 モース硬度4～8と同等

よくある色は黄色、灰色、褐色

溶けたように見えるくぼみやへこみ

形がふぞろいで、なかに層などの構造はなく均質

用語解説

角すい いくつかの三角形の角が、ある1点に集まっているとき、それらの三角形のつくる部分が側面となり、三角形の数と同じ数の辺をもつ多角形が底面となってできる形。側面が3つの三角すい（底面が三角形の4面体）や、側面が4つの四角すい（底面が四角形の5面体）や、さらに面の数の多い多角すいもあります。

火成岩 もとの岩石に熱と圧力またはそのどちらかが加わって溶け、それから冷えて固まったときに形成される岩石。

貫入岩 マグマとして地下にとどまっていた火成岩が、そこで冷えて固まってできる岩石。

気孔 小さな空洞、小室、穴や同様のすき間で、ふつうは丸い形をしています。

基質 細粒状の、あるいは粒状の組織がまったくない物質。そのなかに大きな結晶がちりばめられていたり埋め込まれていたりします。

結晶 ファセットと呼ばれる平らな面が集まってつくる形。ファセットどうしが角度をなしてまじわることで、辺や角ができます。結晶の形は、とても単純な四角い立方体状のものから、多面の角すいや円柱状のものまでいろいろあります。

光沢 光が岩石や鉱物の表面に当たって反射するさま。くすんでいる、ろうのような、ガラスのような、という表現があります。

シルト 砂より細かく、粘土よりあらい粒子の堆積物。

石基 基質の別名。細粒の物質ですが、大きな結晶も含んでいます。基質よりも細かい粒のことが多く、顕微鏡でさえほとんど見えません。

セラミックス 天然の非金属鉱物（金属粒子をほとんど、またはまったく含まない鉱物）でできている物質で、とくに、熱したり焼いたりしてから、冷やして固めた粘土の種類。

堆積岩 堆積物（粒子）が重力を受けて積もってできた岩石。堆積したあと、ほかの鉱物によって圧縮されて固められ、おそらく（溶けるほどではないけれども）熱が加わって、新しい種類の岩石が形成されます。

多孔質 網の目のようなごく小さなすき間や細い穴がたくさんあることが多く、それらが、ちょうど水をしみ通すスポンジのように、液体をしみ込ませ、通過させる性質。

誕生石 昔から生まれ月と結びつけて考えられる宝石で、幸運と幸福をもたらすとされます。

陶土 カオリンの俗称で、カオリナイトや同類の鉱物を多く含んでいるやわらかい白色の粘土。磁器の製作のほか、多くの産業で使用されます。

斑岩 細粒の基質や石基のなかに、大きくてはっきりした結晶や同様の斑晶などを含む岩石。

斑晶 大きくて見えやすい結晶。細粒の基質の状態で簡単に見つけられます。

噴出岩 溶岩として地表に到達し、そこで冷えて固まった火成岩。

へき開 岩石や鉱物は「割れ口」と呼ばれる自然の層や線に沿って、どんなふうにはがれたり割れたりするかが決まっています。この割れる性質のこと。

変成岩 もとの岩石に強大な圧力と（溶けるほどではないけれども）熱が加わって結晶や粒の形状が変わったときに形成される種類の岩石。

宝石用原石（宝石） カットしてみがきあげたり、ほかの方法で整えたりすれば、色、輝き、希少性、そのほかののぞましい特徴によって価値が出るあらゆる鉱物。

マグマ 地下深くにある、非常に高温で溶融した（溶けた）岩石。地表に噴出されると、溶岩と呼ばれます。

モース硬度 鉱物の硬度を1〜10の尺度（基準）で示したもの。それぞれの数字を定義するのに、元来使われている10個の鉱物のリストと比較して硬度を調べます。1（もっともやわらかい）は滑石で、10（もっとも硬い）はダイヤモンド。1812年にドイツの鉱物学者、フリードリヒ・モースによって考案されました。

溶岩 火山噴火に際し、地球の奥深くから地表に噴出した、非常に高温で溶融した（溶けた）岩石。

葉片状 類似のシート状または葉のような層が多数重なりあってできた構造。

50音順

●著者プロフィール

スティーブ・パーカー (Steve Parker)

科学ライター。科学全般と生命科学を専門とする作家、編集者。著書に『スポット50シリーズ 恐竜』（六耀社、2016年）、『恐竜（100の知識）』（文研出版、2008年）、『恐竜あらわる（ノーマン博士の恐竜ワールド1）』（同朋舎出版、1994年）など恐竜の本をはじめ、多数の著作がある。

訳出協力　Babel Corporation ／野崎七菜子
日本語版デザイン　（有）ニコリデザイン／小林健三

図説　知っておきたい！スポット50

岩石と鉱物

2017年2月24日初版第1刷

著　　者　スティーブ・パーカー
発行人　圖師尚幸
発行所　株式会社 六耀社
　　　　　東京都江東区新木場2-2-1　〒136-0082
　　　　　Tel.03-5569-5491　　Fax.03-5569-5824
印刷・製本　シナノ書籍印刷 株式会社

© 2017
ISBN978-4-89737-878-7
NDC400 56p 27cm
Printed in Japan

本書の無断転載・複写は、著作権法上での例外を除き、禁じられています。
落丁・乱丁本は、送料小社負担にてお取り替えいたします。